地球生命故事

生物大灭绝

利索维斯兽

[英国] 本 · 加罗德 著
[美国] 加布里埃尔 · 乌格托 绘
何文珊 译
苗德岁 审定

译林出版社

图书在版编目（CIP）数据

生物大灭绝．利索维斯兽 ／（英）本·加罗德（Ben Garrod）著 ；（美）加布里埃尔·乌格托（Gabriel Ugueto）绘 ；何文珊译．—— 南京 ：译林出版社，2024.9

（地球生命故事）

书名原文：Extinct：Lisowicia

ISBN 978-7-5753-0176-3

Ⅰ.①生… Ⅱ.①本… ②加… ③何… Ⅲ.①古动物－青少年读物 Ⅳ.①Q91-49

中国国家版本馆 CIP 数据核字（2024）第094438号

著作权合同登记号　图字：10-2022-465 号

**生物大灭绝：利索维斯兽　［英国］本·加罗德／著　［美国］加布里埃尔·乌格托／绘
何文珊／译　苗德岁／审定**

策划编辑　宋　旸
责任编辑　王　维
装帧设计　曹沁雪
校　　对　王　敏
责任印制　单　莉

原文出版　Head of Zeus, 2022
出版发行　译林出版社
地　　址　南京市湖南路 1 号 A 楼
邮　　箱　yilin@yilin.com
网　　址　www.yilin.com
市场热线　025-86633278
排　　版　南京新华丰制版有限公司
印　　刷　南京爱德印刷有限公司
开　　本　718 毫米 ×1000 毫米　1/16
印　　张　8
版　　次　2024 年 9 月第 1 版
印　　次　2024 年 9 月第 1 次印刷
书　　号　ISBN 978-7-5753-0176-3
定　　价　30.00 元

我们为什么要了解生物大灭绝？

苗德岁（古生物学家）

“生存还是毁灭？这是个问题。”莎翁名剧《哈姆雷特》中哈姆雷特王子的独白，脍炙人口并历来为人们所传诵。贾平凹在《自在独行》中，也讨论了生与死的命题，并指出：人一生下来就预示着要死，生的过程就是死的过程……不能正确地面对死亡，也绝不会正确地面对活着。

其实，生物界的物种又何尝不是如此呢？正如“地球生命故事·生物大灭绝”这个系列的作者本·加罗德指出的那样：“自从地球上出现生命开始，就有了灭绝，假以足够的时日，所有物种都会灭绝殆尽。”然而，在法国著名博物学家居维叶之前，人们是无法接受生物竟会灭绝这一事实的。连达·芬奇这样的学者都认为，化石是现代生物的遗体。而当布封指出化石所代表的生物形态现在已不复存在时，简直就是捅了马蜂窝！不仅是教会，连其他一些研究化石的学者也不敢相信，创世主岂能让他所创造的完美生物随随便便地就销声匿迹了？这是不可思议的事！

当时的学者们还把在意大利发现的猛犸象化石归为汉尼拔入侵罗马时从非洲带来的大象遗体。他们认为，猛犸象一定还生活在地球上某个人迹罕至的角落里，有待探险家们去发现呢。18 世纪末，尽管居维叶是坚定的“物种不变论”者，但是他通过象化石的解剖学研究，诚实地发表了自己的见解：猛犸象化石不属于任何一种现生象类；不仅现生的非洲象和亚洲象是两个不同的物种，而且欧洲和西伯利亚的猛犸象也不属于现生象类的任何一个物种，而是属于业已灭绝的化石物种。这一发现堪称居维叶一生中最具革命性的科学贡献——它使人们逐步接受了生物灭绝这一事实。

后来，达尔文在《物种起源》中指出：生物之间的亲缘关系可以用一株大树（即“生命之树”）来表示：绿色生芽的小枝代表现存的物种，而往年生出的枝条以及枯萎、折落的枝叶则代表先后灭绝的物种。可惜，这些灭绝的物种的化石，在达尔文时代极少被发现，因而也成为令他颇为头痛的问题之一。但是，他根据生物演化论确信，已灭绝了的生物物种总数大大超过了现生物种的总数。

经过达尔文以来数代古生物学家的努力，到目前为止，我们已经发现了许许多多灭绝生物的化石物种，证实了达尔文的预见的正确性。此外，现代演化生物学的建立和发展，开启了我们认识生物多样性之旅。根据现在科学家初步的估计显示：目前存在于地球上的缤纷多姿的生物多样性，在地球历史上只不过是九牛一毛而已——已经灭绝了的生物物种总数可能占据整个生物多样性在时间与空间上分布的 99%！

换句话说，在地球上生活过的生物物种，99% 以上都已经灭绝了！

正如本系列《利索维斯兽》一册开头的引语所说:“灭绝是规律，存活是意外。”正因如此，本·加罗德写道:“就灭绝而言……它就是我们这个世界的一部分，它在适当的时间，以适当的程度发生，是一件再自然不过的事情，甚至在某种意义上助推了演化。”

在如此众多的化石物种里，作者颇具匠心地选取了八个代表物种。它们分别代表了动物界的一些主要类群，又分布在地球历史（暨生物演化史）上的各个重要阶段，尤其是它们代表了五次（以及可能成为第六或第七次）大灭绝中丧生的物种，同时又都是大名鼎鼎的“明星”化石（除了海南长臂猿之外）。通过这八个物种，作者不但介绍了它们的形态、分类、生态、行为，以及在时间和空间上的分布等，而且介绍了造成五次大灭绝的可能的原因，以及这些大灭绝事件对生物演化的影响。事实上，大灭绝虽然致使当时全球的生物多样性骤减，但又为其后新的生物类群的兴起和发展提供了空间与契机，因而对整个生命演进产生了重大的影响，成为波澜壮阔的生命演化大戏中一个个惊心动魄的华章。

最后，我必须指出，作者选择“海南长臂猿”作为本系列最后一册的主角是颇有深意的。作为一位灵长类研究专家和保育生物学家，本·加罗德在该系列的引言里，从一个独特的视角来表达他撰写这套书的目的:“如果我们有机会拯救一个物种，使之免于灭绝的厄运，那么我们首先就要了解灭绝本身。什么是灭绝？是什么导致了灭绝？当许多物种突然灭绝时，到底发生了什么？我要把灭绝作为一个生物学过程来探索，并探讨为什么它有时对于演化而言具有积极的意义，同时又是自然界里最具破坏性的力量。让我们仔细地观察它，剖析它。”

事实上，作者表面上虽然在写物种的消亡，但实则是充满慈悲情怀地谈论野生生物以至于整个生态环境的保护。尽管生物大灭绝是生物演化中不可或缺的一环，但我们没有任何理由以此来作为我们人类肆意破坏生态环境的遁词！正如他在《海南长臂猿》一书结尾所写的：

> 那么，地球上的生物会有什么样的未来呢？我不知道，我们没有人知道。我只确信现在这个自然世界正面临越来越严重的威胁，而且这个威胁比人类历史上的任何时刻都严重。接下来的若干年将会是非常关键的时刻，地球生命的未来就在我们手里。如果你为有这么多栖息地被破坏而担忧，为有那么多物种濒临灭绝而担忧，那么记住，在这个星球的整个生命史上，从来都没有像现在这样，有那么多人为这些栖息地和物种的生存而奋斗。而你，就是其中一员。

读到这里，我相信没有任何一个读者不会因此而动容！窃以为，这就是这套丛书的“核心内容”（take-home message）。为此，我向这套书的作者、译者和编辑致敬——感谢你们为中国的小读者们做了一套他们读来欲罢不能的、有意义的好书！

苗德岁

灭绝是规律。存活是意外。

——卡尔·萨根[1]

1 卡尔·萨根（1934—1996），知名天文学家、天体物理学家、宇宙学家、科幻作家，著有多部天文学、天体物理学等自然科学方面的科普作品。——编注

目　录

引　言

自从地球上出现生命开始，就有了灭绝，假以足够的时日，终有一天所有物种都会灭绝殆尽。濒临灭绝的物种数量不断增加，我们似乎每天都在听到越来越多这样的悲剧。科学家、保育人士、慈善组织、大学、社区，甚至一些有良知的政府都在与灭绝做斗争，试图拯救一些我们最为珍惜的物种和栖息地。但是，就灭绝而言，难免事与愿违，它就是我们这个世界的一部分，它在适当的时间，以适当的程度发生，是一件再自然不过的事情，甚至在某种意义上助推了演化。

我是一名演化生物学家，这是世界上最棒的工作。我在工作中与我们这个星球上的一些最奇怪、最美丽、最具标志性，并且最令人心碎的濒危动物打交道。我理解物种如何走向灭绝，以及为什么会走向灭绝。尽管如此，当我听到一个物种（任何物种）已经开始走向灭绝，或出现更糟糕的情况，很快将要因为我们而被载入史册时，我仍深感不安。关于物种濒临灭绝、栖息地遭到破坏以及全球气候变化影响的新闻报道源源不断，振聋发聩。然而，我们到底对灭绝有多少了解呢?

如果我们有机会拯救一个物种，使之免于灭绝的厄运，那么我们首先就要了解灭绝本身。什么是灭绝？是什么导致了灭绝？当许多物种突然灭绝时，到底发生了什么？我想把灭绝作为一个生物学过程来探索，并探讨为什么它有时对于演化而言具有积极的意义，有时又是自然界里最具破坏性的力量。让我们仔细地观察它，剖析它。灭绝是一个不可思议的过程，了解它有助于我们更好地认识这个世界，并做出改变。

当一个物种被宣布已灭绝，我们列出或提到它的科学名称时，会在边上标注一个匕首符号“†”。所以，如果你看到一个物种的名字后面有一把小小的匕首，你就知道是为什么了：它已经灭绝了。

在“地球生命故事·生物大灭绝”这个系列里，我写了八个奇妙的物种。从怪诞虫（*Hallucigenia* †）开始，然后是邓氏鱼（*Dunkleosteus* †）和三叶虫（trilobites †），接着是利索维斯兽（*Lisowicia* †）、霸王龙（*Tyrannosaurus rex* †）和巨齿鲨（megalodon †），直到袋狼（thylacine †），最后是海南长臂猿（Hainan gibbon）。所有这些物种中，只有海南长臂猿的学名边上没有小匕首，说明它是其中唯一一个我们还有机会抢救的物种。

本·加罗德教授

什么是灭绝?

和许多科学问题一样，通常，在生物学里，大量复杂的术语都有多个定义。不过，要理解灭绝的本质并不是特别复杂——当一个物种死亡，那就是灭绝了。这里指的是那个物种的所有个体，并不只是单个个体或那个物种的一大群个体。当一个物种再也没有活着的个体，连最后一个个体都死亡了，这个物种就灭绝了，消失了，永远不在了。

有时，当我们在谈论灭绝时，我会被很多问题所纠缠："那又怎样呢？谁会真的在乎一个物种消亡了？消亡不消亡的，有什么区别呢？如果又有一种蛙消失了，那又怎样？"事实就是这样，有些人是你无法说服的，他们不理解我们现在对抗灭绝的工作是至关重要的。他们通常是不相信气候正在快速变化的同一拨人，是反对现代科学的同一拨人。但是，为什么一个物种的消失是很重要的？这个问题有一个简单的答案和一个复杂得多的答案。

简单的答案就是，我们人类在动物界占据了一个独特的位置。我们有丰富的认知。我们有完全塑造和控制我们周边世界的力量和能力，也因此有保护我们群落中其他成员的义务，无论他们是我们街上的人类邻居，还是森林里、珊瑚礁和我们花园里的动物邻居们。

第二个答案是，因为自然世界是一个奇妙的具有内在联系的生态系统，物种之间彼此关联，这样的例子不胜枚举。自然就像一张巨大的蜘蛛网，用看不见的丝线连结了数十亿的生物体。如果一个物种被移除，它就会影响到这张网上的其他部分。如果有足够多的物种灭绝，那么整个结构就被破坏了。例如，鲨鱼、金枪鱼和海龟都捕食水母，如果在一个海洋生态系统里，所有这些捕食者都被去除了，那么水母的数量就会暴涨，它们的数量会比沙丁鱼等小型鱼类还多。水母会捕食过多的浮游生物，导致食物链崩溃；危险的水母种类有时也会使得海滩对人类来说不那么安全。

实际上，由于这个全球生命网络的平衡性，捕杀鲨鱼反而会使人类在海里游泳更加危险。地球上有那么多植物、动物、真菌和其他生命，谁知道一个物种的消亡会带来什么样的灾难性后果！

　　自从地球上出现第一个生命以来，灭绝就已经存在，这意味着一波又一波的物种已经灭绝。你很难搞清楚有多少物种已经灭绝了。根据科学家的推测，曾经存活过的物种中，已经灭绝的多达 99%。如果你好奇确切数字是多少，那么，如果他们的计算是正确的，这就意味着我们这个星球已经丧失了几乎 50 亿个物种，不可思议吧？

这个数字很难确定，因为在这些灭绝中，有许多要回溯到数百万年（甚至数亿年）前，而那个时候并没有科学家举着相机或手持笔记本，身临其境。这些物种中有许多是我们永远都无法了解的。科学家相信现在可能有 1000 万—1400 万个不同的物种（有的科学家认为这个数字高达 1 万亿），其中只有 120 万个物种被以恰当的科学方法记载和记录下来了，这意味着现在地球上的生命中有大约 90% 是我们尚未认知的。

这就开始有点复杂了。灭绝是自然的，即使我们人类，也终有一天会走向灭绝。这听上去很伤感，但那是因为你是从个人的角度去思考的。记住，我们只是那大约 1400 万个物种中的一个。通常，一个物种在它走向灭绝并最终被载入史册（甚至是史前史册）前，有大约 1000 万年的时间来演变、觅食、追逐、玩耍，可能还有做作业、造房子，甚至登月。有的物种持续的时间比这长一些，有的则短一些。

为什么物种会灭绝？

如果我告诉你这个冬天会非常冷，你就会准备好暖和的帽子和外套。或者说，如果我告诉你马上要考试了，我期待你会好好复习，考前那晚早点睡觉。那是因为我们自然而然就会未雨绸缪，以增加成功的机会。自然对物种和灭绝也有类似的期望。不同之处在于，一个物种并不知道它正在走向灭绝（据我们所知，我们的这种认知能力在动物界里是独一无二的）。不过，就好像你为冬季或考试做准备一样，一个物种在某种程度上也为生

存做准备。

这种准备可能包括身体上的变化，比如有些蛾子在颜色或花纹上产生少许差异，这有助于它们在不同的环境中更好地伪装自己；也可能是体形或身材上的变化，比如大象有一些古老的远亲，现在生活在岛屿上，它们的体形相对较小，以适应食物较少的栖息地。有时，这类变化只见于遗传水平，比如农作物的现代品种能更好地抵抗某些疾病。甚至可能是行为上的变化，比如城市里的游隼在夜间出来捕猎，而不是白天。

导致灭绝的理由有千千万，但是它们有一个共同之处。它们都集中在变化上。这些变化可能是物种所处的物理环境，比如一个栖息地被洪水或干旱所破坏；也可能是生物环境，比如出现新的捕食者或产生一种新的致死疾病。如果物种没有足够的时间来变化或干脆就是无法变化，那它就将消亡和灭绝。让我们更进一步地了解可能直接或间接导致一个物种或一群物种灭绝的各种原因吧。

疾病、捕猎和竞争

疾病通常和灭绝联系在一起。事实上，每个活着的物种都有它自己的一组疾病和它能从其他物种上获得的疾病。我们很容易联想到导致大规模危机的例子，比如有名的“黑死病”，但是，有时最常见和最无害的状况也会导致数不清的伤害。

我曾有幸在乌干达研究野生黑猩猩。我生活在森林里，每天跟踪研究它们。我也用一种负责任的方式带领游客进入森林，这样的话，黑猩猩及其栖息地能免于狩猎和栖息地的破坏，从而受到保护。

为了保障黑猩猩的安全，我们总是与它们保持一定的距离。因为它们与我们具有最近的亲缘关系，我们共享着演化树上的几乎每一根枝条。这意味着我们在许多方面非常相似，也意味着我们可能共享许多同样的疾病，其中就有普通感冒。自从我们和黑猩猩与一个共同祖先分道扬镳后，感冒病毒就在这500万年里和我们一起演化。对我们而言，感冒就是连着几天打喷嚏和流鼻涕。但是，当黑猩猩得了我们的感冒，那可是要命的。2018年，科学家发现，在乌干达一个有名的旅游区里，野生黑猩猩得了感冒之后就死掉了。所有这些，可能只是因为一个打喷嚏的旅游者离它们太近了。令人伤感的是，事实就是如此。

在自然状况下，一个捕食者导致它的猎物发生整体灭绝是很不寻

常的。因为两者处于平衡状态，两者都在演化，或成为更厉害的捕食者，或更能逃避捕食者。这种微妙的关系是历经数百万年的演化形成的，很好地展示了我们所说的协同演化，即两个物种的演化紧密关联在一起。但是，当一个捕食者突然被引入到一个环境中，猎物就没有足够的演化时间来逃避厄运。

当澳大利亚农民遇到本地甲虫啃食甘蔗作物这个问题时，相关管理局决定引入一种能够捕食硬壳甲虫及其躲藏起来的幼虫的捕食者。因此，在1935年，他们从夏威夷引入了海蟾蜍。一个坏消息是海蟾蜍似乎没有去捕食它们应当捕食的甲虫；一个更坏的消息是它们看起来除了不吃甲虫，其他生物都爱吃。现在，它们会捕食许多本地的无脊椎动物、鱼类、两栖动物、爬行动物、鸟类和哺乳动物。最初只释放了 102 只蟾蜍幼体，但是，现在它们的数量已经超过了 2 亿只。它们不仅是整个澳大利亚生态系统中的重要掠食者，而且是一个生态灾难。

对付天敌、对抗恶劣环境以及每天在生与死之间的挣扎——这些对任何物种而言都已经足够艰难。当你还得与其他物种争夺食物或生存空间时，就更难了。竞争既可能是自然的，如豹、狮子和鬣狗在东非稀树草原上争夺食物；也可能是人类造成的，如我们在海洋里过度捕鱼，这意味着鲨鱼的食物变少了。

我们认为，拉布拉多鸭在它所在的美国和加拿大的东部海岸线上一直很少见，但欧洲定居者到来后，它的命运更是注定了要走向悲哀的结局。大多数灭绝都有不止

一个原因，这些棕、黑、白三色夹杂的小鸭子似乎就是如此。它们被猎杀，但不像其他鸭子那么多，显然是因为它们的味道很差劲。食物竞争似乎也在它们的灭绝中起了相当的作用。拉布拉多鸭沿着海岸线在浅水区觅食贻贝和其他贝类，但是，随着人口的增加，由于人类也吃当地的贝类，不难想到，他们吃掉的贝类比鸭子多得多。由于拉布拉多鸭不可能与人类抗争，它们的食物越来越少，种群持续萎缩。人们见到的最后一只活着的拉布拉多鸭是在 1878 年，之后这个物种就被宣布灭绝了。

共同灭绝

有时，一个物种与另一个物种一起演化，它们的关系非常密切，以至于当其中一个物种消亡，另一个物种也只能随之消亡。这可能是一种依赖特定寄主的特定寄生生物，也可能是一种特别的传粉昆虫，它需要某种特定的植物才能存活。

一个极端的例子是恐鸟和哈斯特鹰的共同灭绝。恐当人们在新西兰南岛上将不会飞的恐鸟捕杀殆尽，就意味着哈斯特鹰的末日来临了。

鸟是新西兰的一种大型鸟类，重达 230 公斤，高达 3.6 米。哈斯特鹰是它们的主要天敌。当人类在大约 600 年前将恐鸟捕杀殆尽后，哈斯特鹰就失去了食物来源，也灭绝了。

基因混合

每个物种都有一套所属类群的独特的遗传数据。它就像那个物种的配方。它哪怕出现任何细微变化，都会变出一个新的物种。和菜谱一样，有时菜谱大致相似，就像巧克力蛋糕和巧克力软蛋糕；有时则大相径庭，比如巧克力蛋糕和吐司涂奶酪。同样，有些物种具有很近的亲缘关系，远甚于它们与其他物种的关系。当发生这种情况时，它们之间可能会繁殖并产生我们所说的杂交种。这会产生真正的风险，即亲本之一（甚至是两者）可能最终走向灭绝。杂交个体成为它们的后代。这并没有什么错，但是对于作为亲本的那个物种，它的“配方”被改变了。

野猪和家猪非常像，但它们是不同的。有的科学家认为它们是两个完全不同的物种，但是其他科学家说它们只是亲缘关系非常近，是两个所谓的亚种。无论它们是多么不同，有一件事情是肯定的，即它们可以相互交配繁殖。在英国，有的野猪种群就生活在养猪场附近。当养殖家猪从农场逃逸出去或被放出去时，它们就会和那些野生表亲交配，产生家猪和野猪的杂交后代。如果这种情况一再发生，这就意味着，野猪最终会被改变，野猪这个物种可能不复存在。

栖息地破坏

当我们谈论这个导致灭绝的原因时，我们通常说的是“栖息地丧失”，不过，说白了，我们并不是失去栖息地，我们是在破坏栖息地。为了保护世界上的许多栖息地和生态系统，承认我们的所作所为是踏上正确道路的一大步。最可悲的是，栖息地破坏不只是意味着许多生物个体的毁灭，有时还是整个物种的毁灭。

我读到过一个了不起的发现。今天（就是我写下这段话的今天），有一个研究团队宣布他们对一个猴子的新物种进行了科学描述，他们把它命名为波巴叶猴，我的一个朋友正是团队成员之一。人们在东南亚国家缅甸发现了这种猴子，它们模样古怪，毛发呈灰色，眼睛大大的。对许多生物学家来说，发现一个新种是终身梦想，非常值得庆贺。可是，关于这个新发现，尽管有许多值得庆贺的地方，但也有坏消息。

目前,这些猴子的数量不超过 260 只,已经被列入“极危”等级。人们为了获取木材而非法伐木，或因耕地需求而清理林地，并且附近的城镇正不断扩大，猴子的森林家园正在消失。这是我们所知的最新物种，然而，由于我们破坏了它的森林家园，它距离永远消亡仅有一步之遥。

气候变化

有些大事件发生得非常迅速，比如一道闪电或一场地震。有些则假以时日才显现后果，但是它们的影响也一样大，甚至更大。这些威胁中，影响最大的就是气候变化，超过了泥石流、雪崩、海啸和森林大火。我们很容易就能想到这些自然灾难中的任何一种都是非常可怕的，也的确如此。一场雪崩可能会导致数以百计的动物死亡，一场海啸可能意味着数以千计的动物死亡，森林大火可能带走几百万条生命，而气候变化对我们这颗星球的真正影响却难以想象。数以万亿计的动物、植物和其他生物都受到威胁，这意味着数以百万计的物种将被推向灭绝。

随着我们这个世界越来越暖和，海洋的酸度越来越高，海平面上升，我们从未像现在这样需要迫切采取行动。我们很容易就能找到那些因气候变化而已经灭绝的物种。从凶猛的霸王龙到剑齿虎，它们都随着气候变化消失了。如果要预测哪些物种会因气候变化而濒临灭绝，那更容易了。答案非常简单，那就是大部分物种都会如此。除非我们现在就行动起来。

时间线

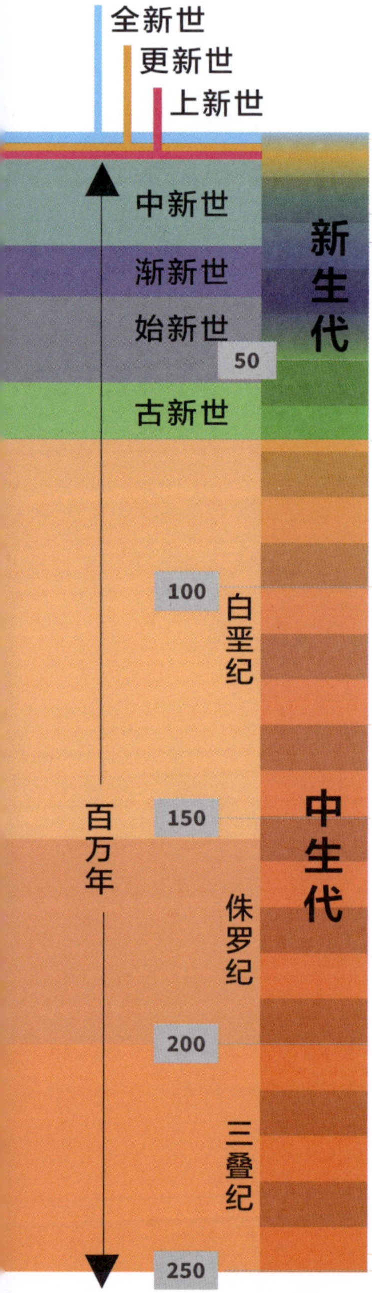

现在
我们

200 万年前
出现袋狼

1800 万年前
长臂猿从其他类人猿分离出来

2300 万年前
巨齿鲨出现的最早证据

6800 万年前
霸王龙最早的化石证据

1 亿年前
哺乳动物出现主要的分化

1.3 亿年前
最早的被子植物化石

1.5 亿年前
开始出现最早的鸟类，包括始祖鸟（*Archaeopteryx*）

2.47 亿年前
尼亚萨龙（*Nyasasaurus*）的化石，它是已知最早的恐龙

2.25 亿年前
菊石在全世界的海洋里进入繁盛期

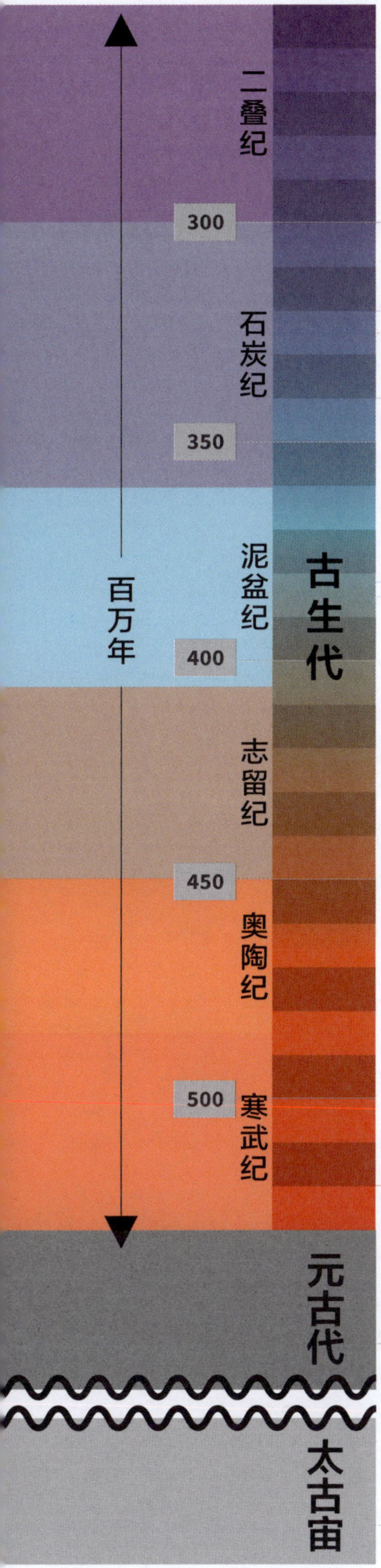

3 亿年前
最早出现利索维斯兽

3.2 亿年前
演化出似哺乳类爬行动物，包括异齿龙（*Dimetrodon*）

3.25 亿年前
最早的有翅昆虫化石

3.4 亿年前
最早的两栖动物

3.82 亿年前
最早的邓氏鱼证据

3.85 亿年前
最早的树木化石

对于最早的化石，有些年代数据是根据我们目前的最新认识来估算的，它们不总是完美的。随着我们收集的证据越多，我们就能越确定，这些年代数据就会越准确。

5.2 亿年前
最早的三叶虫化石
出现最早的脊椎动物（它们可能看起来像小鳗鱼）
怪诞虫化石证据

6.8 亿年前
水母及其近亲最早的祖先

21.5 亿年前
细菌的最早证据

30 亿年前
病毒的最早证据

大灭绝

现在，在世界上的某个角落，出于某些因素（希望是自然因素），某些物种将要走向灭绝。一个物种的演化和出现是完全自然的，同样，物种的不断消失也是如此。物种来了又走，循环往复，有点像潮起潮落或四季更替。

灭绝是无法避免的，无论在哪里，只要有生命，灭绝就以可准确预计的速率发生。我们称这种灭绝为背景灭绝：它是持续的低水平灭绝，除了灭绝的物种外，不

怪诞虫

会在更大范围内产生严重的问题。我们中的大部分人都几乎无法察觉这种“日常灭绝”。但当我们讨论“大灭绝”时，就完全不一样了。在本系列丛书中，我们将大灭绝定义为：全球范围内在一段较短的“地质”时期内发生的灭绝事件，涉及大约75%（甚至更多）的物种。如果你在纳闷“一段较短的地质时期”到底有多短，那我们得说，它应该短于300万年。这可能听起来是一段很长的时间，但是，要记住，地球的寿命已有约45亿年了。我们把

邓氏鱼

三叶虫

时间范围定为300万年，既能抓住突发的灾难性大灭绝事件，如导致恐龙消亡的白垩纪末期小行星事件，又能涵盖数十万年，甚至数百万年前的一些大灭绝事件。

正如你想到的那样，大灭绝包括了大尺度上的生命消亡，或者是物种或类群的数量庞大，或者是覆盖了地球上很大的一片区域，或者两者都有。在一个大灭绝事件里，物种消亡的速率高于物种演化的速率。设想你正在慢慢地往一个桶里注水，但桶壁上有一个大洞，你忙了好一阵，桶仍然在变空。

在过去的5亿年里，地球经历了几次大灭绝，从5至20次不等，该数字取决于科学家采用哪个定义（目前有几个不同的定义）。这些大灭绝事件中，最糟糕的情况是地球上超过90%

霸王龙

巨齿鲨

的生命都绝灭了，至于大灭绝后的恢复情况，可能历经至少 1000 万年，生物多样性才恢复到之前的水平。有些大灭绝发生得很迅速，比如 6600 万年前白垩纪末期小行星导致的那次，而有些则要经过数十万年才会产生完全的效应。

当我们谈论大灭绝时，大多数科学家都赞同有五次典型的大灭绝，最早的那次发生在大约 4.5 亿年前，最近的一次发生在6600万年前。除了这五次有名的大灭绝，最近又确定了一次，发生在大约 250 万年前。

袋狼

海南长臂猿

现在，许多科学家都在说，我们正在进入（甚至已经进入）第六次大灭绝事件，但是，出于两个原因，这个说法还需斟酌。首先，我已经提到，最近确定的发生在200多万年前的大灭绝才是第六次大灭绝，当前的全球灭绝事件实际上是第七次。其次，就像我们将在这套丛书后面看到的，我们很难确定大多数大灭绝是何时开始的，因此，就算现在的情况很糟糕，我们仍然可能还未进入大灭绝。

本系列丛书将探究这五次经典的大灭绝、新发现的大灭绝和我们所触发的当前的灭绝事件。最后，我们将看看科学家和环保主义者是如何应对当前的灭绝危机的，并探索我们能够做些什么。

75

三叠纪末大灭绝

有些物种大灭绝的场面太过宏大，令人难以想象，听上去就像是激动的动作片摄制组凭空想出来的。我难以理解泥盆纪末期陆地上的树导致海洋爆发令生命窒息的全球性藻华是什么样的。我也难以想象一颗巨大的小行星以每小时数万公里的速度撞击墨西哥附近的浅海，随后改变了整个地球的气候，并且毁灭了强悍的恐龙。在这样的全球破坏中，生命怎么可能幸免于难?

其他大灭绝比较容易想象，但在很多方面比规模宏

大的那些灭绝事件更惊悚，三叠纪末大灭绝就是这样的。虽然起因不同，但是当时对这颗星球和居住在其上的生物的影响与我们现在所见到的情况非常相似，令人担忧。在地球遭遇的所有大灭绝里，这一场是我们最能从中吸取教训的。如果我们忽视现在就需要着手应对的那些变化，那么三叠纪末期所发生的一切可能就是我们可预见的未来！

在2亿5220万年前那场终结二叠纪的大灭绝后，地球进入三叠纪。三叠纪前的最后一场大灭绝也被称为“大死亡（the Great Dying）”，它异常猛烈，显著改变了这个星球，以至于我们现在不仅把这一事件节点视为一段时期的终结，而且认为它是一个新地质时代的开始。这是一个相对更大的分水岭，就好像月份之于年度，或几十年之于几世纪。在二叠纪末期，生物发生剧烈变化，导致古生代结束，中生代开启。中生代是一段众人皆知的地质年代，当时恐龙统治着这个星球。中生代可以划分为三个时期，三叠纪是第一个，也是最短的一个，持续了 5060 万年。这段时期终结于距今约 2 亿 130 万年的三叠纪末大灭绝。

起因

导致三叠纪末大灭绝的一个可能的原因是一次猛烈的小行星撞击，和我们后来见到的白垩纪末期那次类似。这是一个很棒的观点，可以很好地解释这次大灭绝，唯一的问题是我们还没有大撞击的确切证据。不过，在葡萄牙有一个很大的圆形地貌，直径达 35 千米。当科学家估算这个陨石坑的寿命时，发现它可以追溯到 2 亿年前，大约就是这次大灭绝的时间。虽然这个说法很诱人，但它更可能是一个巧合，因为科学家到目前为止还无法将这次撞击和灭绝本身联系起来。

还有一些研究认为，这次大灭绝的起因也有可能追溯到加拿大魁北克的一个陨石坑。它被称为马尼夸根陨石坑，在方圆 100 千米范围内有许多湖。如果你在网上查看这个地方，你会吃惊的——看起来它的确应该为地

世界各地的三叠纪动物

沙洛维龙

长鳞龙

隐结螈

赫希尔龙

麝喙兽

长颈龙
镰龙
尼克罗龙
格尔赞鳄
犄龙

球上大多数生物的灭绝负责。更多研究表明，它实际上是被一颗小行星撞击形成的，它的大小和几百万年之后摧毁霸王龙及其小伙伴的那颗小行星差不多大。但是，除了当地和附近地区那些不走运的生物，这颗小行星看起来没有产生广泛的破坏，在它撞击地球的1400万年之后，才真正开始爆发大灭绝。看起来，我们对于大灭绝通常会做这样的开场白：“好，让我们来找一下小行星的证据，然后再查找其他原因。”在发现更多的小行星证据之前，无论是强化这种外星理论还是完全驳倒它，我们都需要研究其他可能的原因，有很多证据支持着完全不同的情况。

幸运的是，还有一个可能导致三叠纪末大灭绝的主要原因，而且它的确在这颗星球的很大范围内留下了线索。当我们还小的时候，看到火山爆发的照片或电影，就会意识到岩浆有多致命，它所到之处，万物俱焚，浓烟滚滚。我记得当时认为火山会毁灭世界，可是，我后来认识到了：一座火山的影响是局部的，只有附近的人、野生生物和周边地区会处于危险之中。不过，我后来又发现并非总是这样，有时火山真的会彻底毁灭世界。火山的喷发可能会非常剧烈，引发灾难，影响地球上的所有生物，改变这颗星球。

地球的地壳和紧贴地壳下方的地层形成了巨大的三维球形拼图，由七个或八个较大的板块或构造板块，以及许多较小的板块所组成。这些板块位于一层几乎为固体的岩石上，这些岩石属于构成地幔的一个厚层。地幔的强度不同于组成构造板块的地层的强度，这就使得它们发生缓慢的相对滑动。反过来说，这也意味着，随着相邻板块相互挤压或远离，有的板块不断变大，有的越来越小。这是关于板块构造的最快速、最简要的概述，你得理解它，才能理解三叠纪末期所发生的情况。

在板块相接的地方，有大量活动和很高的能量，当有的板块边缘被挤压向下，其他板块就会加大面积，以此来填补新形成的边缘空隙。我们大部分人都没有感受过它的影响，但是，此刻，在我们脚下数千米的地方，它正在发生。有的板块岿然不动，其他板块则以每年10厘米的速度移动。就我们这个星球的板块构造运动而言，当下正是一个相对平静的时期，而在2亿年前可是变化剧烈，而且并不是什么好的变化。在大约3000万年间，盘古大陆处于分裂阶段，它分成了更新的超级大陆和几个小一点的大陆，最终成为我们的家园。这没有产生许多问题，但是在那之后，有麻烦了。

如今在我们这颗现代星球的许多地方，人们找到了三叠纪末期大量火山爆发的证据。看看纽约，往西直至得克萨斯州，往南一直到委内瑞拉和巴西，往东一直到法国和摩洛哥的阿特拉斯山脉，你会看到三叠纪末那次火山爆发后产生的巨大高耸的冷却岩浆山体和其他岩层。三叠纪末火山活动的证据现在覆盖了这颗星球上600万平方公里多的面积，分布在大西洋两侧。事实上，正是这个大洋在2亿年前引发了不小的麻烦。盘古大陆在解体期间，有一部分分裂出去了，产生了一个海洋，即大西洋。它形成于两个主要构造板块的相接线上，随着时间推移，它分离得越来越宽，最终被水充填，产生了我们今天所知的海洋。但是，在三叠纪末期，两个大板块相接的这条线，由北向南，从现在的纽约一直到巴西，法国、摩洛哥和委内瑞拉也在这条线上，在大西洋形成之前，这几个地方是串在一起的。

随后，在2亿160万年前，一连串的火山爆发、熔岩平原和巨间歇泉的登场改变了世界。科学家把这个产生破坏效应的区域称为中大西洋岩浆区（Central Atlantic Magmatic Province，简称CAMP）。大体而言，中大西洋岩浆区的活动持续了50万至60万年，涵盖了四个强烈的破坏浪潮。如果你恰好是一个穿越时空的地质旅行者，想回到那个时候去近距离观察中大西洋岩浆区，你最好不要去。在那里，喷薄爆发的熔岩喷泉可高达1千米，到处都是熔岩湖、地下岩浆河和一些几百公里长的活跃火山链。有些个别的火山爆发可能持续达10万年之久。尽管火山爆发期长达50多万年，但是在中大西洋岩浆区具有标志性意义的四波破坏浪潮里，大部在中大西洋岩浆区的景观里，生物无一幸存。由于它在 50 多万年里持续活跃，地球上的生物几乎被摧毁殆尽。

分灭绝事件只发生在其中一波浪潮期间。在这 2 万年里，我们这个星球上约 75% 的生命都灭绝了。

如果你仍然想要穿越回去看看中大西洋岩浆区的喷发是什么样的，你可能会想，也许离得远远的，从双筒望远镜甚至单筒望远镜里观察就能保证安全。从某种程度上说，这是没错的。中大西洋岩浆区产生的致命岩浆意味着附近区域的任何生命都会瞬间死去，但是岩浆并没有扼杀所有。你不知道的是，即使你距离最近的火山有数千米远，你仍然是有危险的。火山的数量和如此活跃的火山运动意味着大量的火山气体被释放到大气中，地球上的许多生物都难逃一劫。

影响

大灭绝对地球的生命历史而言是一个重创，当我们审视它们的时候，会一而再，再而三地听到一个说法：乍看之下，有些可怕的事情可能解释了为什么那么多生物都消亡了，但是，这些事情发

生后随之而来的，才是导致生态混乱的罪魁祸首。就像我们看待三叠纪末大灭绝，那么多的岩浆和野火似乎能说明那些消失的物种身上发生了什么，但是，火山活动释放出来的气体才是我们真正关注的。和其他大灭绝一样，正是环境中的气体变化，在三叠纪末大灭绝中产生了持久的破坏。

任何火山爆发都会喷发出一系列不同的气体。有的具有即时的毒性，有的具有冷却效应，有的具有温室效应。我们最熟悉的可能就是二氧化碳。就二氧化碳本身而言，它并不是个问题。它就在你的周围——你每一次吸气，有些二氧化碳就进入你的体内，你每一次呼气，更多一点的二氧化碳离开你的身体。不过，如果它变得太多的话，麻烦就开始了。

当我们研究环境时，二氧化碳有两个主要效应，有时体现其中的一个，有时两者都有。首先，它使这颗星球更加暖和，在它的两个效应里，这个是比较容易理解的一个。来自太阳的热量在传递到地球上后，会反射回太空，逃逸出大气层，当大气中突然增加大量二氧化碳，它会阻拦那些被地面反射的热量。如果你做过园艺，你就会在温室里见过相同的效应，只不过阻止热量逃逸的不是气体，而是玻璃。所以我们把某些气体导致地球越来越热的问题称为“温室效应”。这个效应导致的气温上升会引起极地栖息地融化，沙漠生态系统扩展，以及湿地干涸。它的影响无处不在——从不同物种什么时候繁殖，到某个地方可以生长哪些植物。

我们从三叠纪末的植物化石里也能观察到它。叶片通过大量特化的小孔从大气中吸收二氧化碳。通常，植物有很多这样的小孔，但是，当空气中二氧化碳的水平突然上升，植物很快就会演化，只需要较少的小孔就行。

当科学家检查三叠纪末的叶片化石时，他们发现叶片上的小孔数量远远少于他们所预计的，这就意味着当时大气里有

大量二氧化碳。这种导致灭绝的气体含量可能在很短时间里增加至三倍。

激增的二氧化碳水平也导致了海洋和其他海洋生态系统发生大问题。二氧化碳被海水吸收，而且空气中二氧化碳越多，被海水吸收的也越多。当这两者相互反应时，会形成一种酸，被称作碳酸，久而久之，它会提高海水的酸度。在海洋生态系统中，有些小型生物或是只有柔软的外骨骼，或是有外壳，但外壳会被酸腐蚀。如果海水酸度增加，就会杀死这些生物，海洋生态系统的很大一部分也会因此被摧毁。

如果你需要眼见为实，那你可以做一个既简单又有说服力的实验。你需要一支白色粉笔、三个玻璃杯、水和一些食用醋。在我们的实验里，粉笔代表了珊瑚礁。虽然它们看起来不是很像,但都是由碳酸钙组成的。醋是一种很弱的酸，可以用来显示全球海洋里发生过的（而且正在发生的）情况。

把粉笔折断成三截差不多长度的，每个玻璃杯里放一截。在第一个杯子里倒入一半的水，加入一茶匙醋。第二个杯子里也倒那么多水，但是加更多的醋。为了更加具有科学准确性，加三茶匙或四茶匙就可以了，如果你想实验做得快一点，结果更加显著，就加十茶匙醋。在第三个杯子里，加与第二杯同样多的水和醋，但是把它放到更加暖和的地方，比如有阳光的窗台，或者，如果你住在比较冷的地方，靠近加热器或暖气片。然后开始观察。

第一个杯子里不会发生什么，但是第二和第三个杯子里的粉笔应该开始冒泡了（取决于你加了多少醋）。这是因为酸正在溶解碳酸钙。这对一支粉笔来说不是什么大问题，但是对由相同物质组成的珊瑚而言是致命的，对珊瑚礁以及生态系统都是灾难性的。

第三个杯子里的粉笔应该溶解得更快，具体取决于水温有多高。这表明了在更加温暖的海洋中，更高的海水酸度意味着海洋生态系统的灾难，过去是，现

在也是，将来还是。在过了大约一天之后，泡在酸性水里的粉笔会完全消失。不难想象同样的过程发生在真实珊瑚礁上。

当我们研究三叠纪末大灭绝时，有迹象表明，它对全世界珊瑚礁的破坏效应是最具灾难性的。在三叠纪期间，珊瑚生长繁盛，然后不断拓展和分化出很高的多样性，因此珊瑚礁成为分布广泛的重要栖息地。这次大灭绝几乎将它们都消灭了。幸存者寥寥，珊瑚礁作为一种生态系统和栖息地差点就完全消失了。

三叠纪的生物多样性真是让人眼花缭乱，无论是陆地上的栖息地，还是海洋栖息地，到处都生机勃勃。滤齿龙（*Atopodentatus*）是一种植食性海洋爬行动物，它有锤子形状的头部。在三叠纪中期，它分布于现在中国所在的位置。图中的这条滤齿龙正在觅食。

之后，珊瑚和珊瑚礁花了几乎 30 万年才重新恢复，这在化石记录上留下了一个很大的空白。珊瑚数量和多样性的剧烈下降，以及珊瑚礁的广泛丧失与我们目前所看到的情况出奇地相像。虽然三叠纪末大灭绝是造成迄今为止珊瑚和珊瑚礁最重大的消亡事件的罪魁祸首，但是，由于我们对待这颗星球的方式，我们可能正面临相似的情况——甚至可能更糟糕。

在海洋生态系统中，动物类群都灭绝了，海洋生物的所有类群中，约三分之一都消失了。在陆地上，许多类群都灭绝了，其他类群的许多代表物种都消失了。可见，灭绝是广泛发生的。有的类群，如身被铠甲的植食动物坚蜥和巨大可怕的劳氏鳄都灭绝了，劳氏鳄看起来像鳄鱼和掠食性恐龙的杂交种。其他有些类群得以幸免于难，许多植物、哺乳动物、翼龙和恐龙存活下来了，这些生物类群里也有许多物种灭绝了，但是类群本身没有受到什么影响。

波波龙，波波龙类的一种

链鳄，坚蜥类的一种

总的来说，有些科学家认为，在这次大灭绝里，陆地无脊椎动物中多达 40% 的物种都消失了，包括许多所谓的“元哺乳动物”[1]。我们的这些早期祖先和亲戚有时也被称为“似哺乳类爬行动物”，但这个名字不太合适，部分原因是它们并不是爬行动物！这个类群中的一些物种后来演化成为哺乳动物，但是在三叠纪期间，这个类群包括了许多奇怪有趣的动物，如利索维斯兽。和任何其他大灭绝一样，如果有赢家，那就必然有输家，利索维斯兽和众多其他物种一起成了大灭绝的倒霉输家。

波斯特鳄，劳氏鳄类的一种

1 元哺乳动物（protomammals）这个中译名由本丛书首次使用。这类动物以前称作“似哺乳类爬行动物”（mammal-like reptiles）。由于它们是哺乳动物的始祖，因此称其为爬行动物显然不合适，又为了与原兽类（如鸭嘴兽）等原始哺乳动物（primitive mammals）区别开来，故译为“元哺乳动物”，以示它们是哺乳动物的祖先类型，但还不算原始哺乳动物。——苗德岁注

我要问专家

杰西卡·H. 怀特赛德博士是英国南安普顿大学副教授。她是一名古气候科学家和古生物学家，通过超级火山爆发和陨石撞击地球等事件的分子化石线索，研究类似事件是如何导致大灭绝的。

就现在的物种丧失而言，我们从以往的气候变化中能获得什么教训？

在 35 亿年里，地球上的生命不断繁盛、爆发和分化，从肉眼无法分辨的微小的单细胞细菌，到体重堪比 30 头霸王龙的巨大的蓝鲸，这是多么不可思议的事情啊！所有生命形式都顽强又能干，扩散到我们这颗星球的每一个生态系统中。

虽然整个物种灭绝的事情也会发生，但是，扩张和灭绝一起形成了一个自然的演化跷跷板，它通常处于平衡状态中。当某一段较短时间内，物种丧失远超新物种形成时，这个跷跷板就可能倾斜得很厉害，产生所谓的“大灭绝”。自从生命在这颗星球上开始演化以来，已经经历了非常漫长的时间，这里说的“较短

时间”是从几十万年至几百万年不等。

这个跷跷板已经数次倾斜，对应至少五次大灭绝事件。可能最为人所知的是 6600 万年前的那次：银河系里的一块太空巨石从轨道脱落出来，砸到了墨西哥南部。它引发了一系列链式环境反应，就像一场多米诺骨牌死亡游戏。

· 撞击产生的碎屑物被吹入大气层，并环地球移动，然后通过降雨回到地面，这个过程使得空气更热，比烧烤还厉害。

· 岩石汽化产生乌黑的尘埃云，阻挡了阳光，导致光合作用停顿。

· 海洋里的温室气体引起海水酸化。海洋生物的矿物质外壳被腐蚀，这和你的牙齿被侵入性蛀牙损坏的过程是一样的。

· 在区区数百年里就发生了不可思议的“炎热—寒冻”大逆转。

最终，这些环境变化过于剧烈，也过于迅速，对大型生物而言，难以做出调整和适应。结果就是霸王龙和其他不会飞翔的恐龙（还有许多海洋生物，如巨大的爬行类蛇颈龙和盘绕的菊石）都死掉了。那些具有更好生存能力的穴居动物，虽然个子还没刺猬大，但它们由此成为地球上的主角，直到最终出现了我们。是的，跷跷板翘起来了。

除了陨石的影响，其他事件也能导致大灭绝。在三叠纪的末期，大约 1 亿 35 万年前，巨大的裂隙火山爆发，喷出海量的岩浆，覆盖面积相当于月球表面的三分之一。这些事件都引发了气候灾难和大灭绝，导致摇摇摆摆的、像鳄鱼一样的凶猛生物消失了，恐龙从此崛起。地球上无处可去，也无处可躲。

甚至在地球历史的更早些时候，二叠纪末期，同样规模的火山爆发和气候变化触发了可能是地球历史上最剧烈的大灭亡事件。当时所有动物中有九成都灭绝了，幸存者极少，它们接管了地球，被称为“灾难物种”。设想一下你在森林里散步时，闭上眼睛，然后再睁开，眼前只剩下十分之一的生物了。是不是浑身起鸡皮疙瘩了？就是这么恐怖。

为什么我们应该研究以往这些凄惨悲观的事件？我们反省过往，是为了了解多样性建立和破坏的自然过程，从中汲取教训。这些过去的大事件都凸显了气候变化对物种产生的剧烈和持久的影响——灭绝。

在很多人看来，我们现在正处于一次大灭绝之中，幸运的是，并不是所有物种都消失了。我们作为地质和化石记录的守护者，可以利用过去的灭绝来获取可能的应对方案，以帮助我们降低风险。例如，我们可以模仿自然的方式来去除大气中的温室气体，减弱它们的温室效应。我们可以在拯救易危物种（包括我们自己）方面提供建议。

利索维斯兽

科学最棒的一个地方就是它带来的惊喜（当然，科学和成为科学家包含着许多非常酷的事情）。当我们中的大部分人在设想一种让人过目不忘的动物时，总是会想到捕食者。不知道为什么，在自然世界里，一只肉食动物会被认为级别更高。事实上，动物王国里，有些最大个儿的、最聪明的、最具攻击性的物种并不是肉食动物——比如蓝鲸、黑猩猩、河马，你好好想一想，它们三个正是身材庞大、聪明或真的令人生畏的代表。

于是，人们就有这样一种想法：我们知道这个世界上需要知道的一切。我经常听到人们这么说，频繁到令人惊讶的程度。幸好他们都错了，因为我们周围的自然和更大的世界还有更多需要研究的地方。像利索维斯兽这样的动物就符合上述两点——它是典型的植食性动物，不仅身材庞大，而且模样狰狞，并且它是最近才被发现的。利索维斯兽的发现，为2亿年前的史前拼图提供了很大的一片，当时的地球与我们所知的现在的地球非常不同。我不禁好奇还有多少令人激动的重大发现等着我们去探寻。

发现

有时，一个新物种（不论它是灭绝的还是现生的）被发现或科学描述时，人们会以某个人的名字来命名它。泥盆纪的超级捕食者，邓氏鱼（*Dunkleosteus*）的学名来自大卫·邓克尔（David Dunkle），他是一家自然史博物馆的馆员，该馆靠近许多著名鱼类化石的发现地。

有时，给一个物种的命名是为了描述这个生物本身，比如霸王龙(*Tyrannosaurus rex*)意为“暴君·蜥蜴·王者”，这可能不是最精确的描述，但是你通过这个名字就能体会到这种捕食者给生于19世纪的古生物学家们留下了多么深刻的印象。还有些物种的命名与地点有关，比如美洲花蜱（*Amblyomma americanum*）的名字源自它是在美国各地被发现的；又如有一种在婆罗洲发现的奇怪的花，被称为婆罗大花草（*Rafflesia borneensis*），虽然它没有茎、叶或根系，但它是世界上最大的花，闻起来像一具腐烂的动物尸体，这个

气味会吸引到帮它们传粉的蝇类。

同样，利索维斯兽（*Lisowicia*）的名字来自最初发现化石的地方。在波兰南部有一个村子叫作利索维斯（Lisowice）。2006 年，正是在那里的一个黏土矿坑里，人们发现了利索维斯兽。不过，和其他神秘故事一样，利索维斯兽的发现好事多磨。格里高兹·涅德维茨基博士、托马什·苏勒杰教授和耶日·吉克教授最早发现此化石，将它转移并安全存放起来，以用于进一步的研究。他们认为这些骨头来自一头恐龙，它所属的类群与庞大的蜥脚类恐龙具有最早的亲缘关系，如梁龙

（*Diplodocus*）、巴塔哥泰坦龙（*Patagotitan*）和无畏龙（*Dreadnoughtus*）等蜥脚类恐龙。这些原蜥脚类被称为蜥脚形亚目，它们都是在三叠纪晚期才开始形成的。它们中有许多还没有被科学家发现或描述，所以当一堆巨大的骨头被测算出的年代是属于蜥脚形亚目独霸地球的那段时间的时候，人们理所当然就认为它属于蜥脚形亚目。

直到 2008 年，这个团队才意识到，这些骨化石属于一种完全不同的动物类型，它之前在欧洲从来没被发现过，在其他地方发现的通常是体形小很多的个体。这个团队意识到这些骨头来自一个叫作二齿兽的类群，它是该类群里的庞然大物。

此前，虽然人们在非洲、亚洲、北美洲和南美洲发现了许多三叠纪二齿兽化石，但是，在欧洲只找到一至两块骨头，因此，该发现对于这个地区而言意义非凡。在接下来的六年里，这个团队继续探寻，又在矿坑里找到了 1000 多块骨头，来自两具利索维斯兽化石。直到二齿兽在全世界都有发现，体形大小不一。在三叠纪早期的南极洲，一头庞大的二齿兽（水龙兽 *Lystrosaurus maccaigi*）遇到另一群水龙兽（*Lystrosaurus curvatus*）。两只较小的二齿兽（*Myosaurus gracilis*）小心地躲在岩石后面看着它们。

2019年初，科学家们才最终发表他们的详细发现，并向全世界命名了这个新发现，使之成为地球上最新且最重要的三叠纪化石发现之一。

解剖结构

在几千万年前，什么动物身材巨大，有四条腿，以植物为食？嗯，不是猛犸象，猛犸象是更晚近的动物。它的确只可能是大型恐龙。可能是巴塔哥泰坦龙、梁龙或小一点的大个子，如三角龙。在很长的一段时间里面，恐龙是我们所知的唯一一类早期史前巨兽，最早的巨型恐龙是身材魁梧、脖子极长的蜥脚类动物以及它们的亲戚。然而，利索维斯兽的发现，动摇了我们在这方面的一贯想法，到底谁是我们这颗星球上最早的陆生巨兽？虽然随着时间的推移，动物体形越来越大，但是，利索维斯兽的确是三叠纪最庞大的动物之一。

利索维斯兽属于下孔类，直到大约4000万年前，也就是大型哺乳动物开始形成时期的前几亿年里，它一直是该类群里体形最大的。（在本章的“生物分类”一节里还会有更多关于下孔类动物的内容。）

虽然我们并没有收集到利索维斯兽的所有骨头，但仍然可以估算它有多重。众所周知，给已经灭绝的动物估算体重是非常困难的，我们不能用给大象或河马称重的方法去做这件事。它们的表皮和肌肉早已不存在，骨架通常是不完整的，骨头本身也已经成为石头。科学家估算蜥脚类恐龙的体重时，采用的一个方法是：分别测量前肢和后肢最大的一块骨头，即肱骨和股骨的周长。

有领地意识的利索维斯兽向其他动物展示它们巨大的身形和力量。它们的体重有大象的两倍之多，是令其他动物闻风丧胆的危险角色。

一旦有了这些数据，就能通过一个数学公式来估算该动物的体重。最初，当科学家完成这部分工作时，他们推断利索维斯兽有 4.5 米长，重达 9.3 吨（几乎两倍于目前最大的非洲象）。但科学从未停滞不前，新技术发展之后，不同的团队有了不同的发现。

研究者注意到，与同等体形大小的动物相比，利索维斯兽的骨头更粗更大，这就意味着最初的体重估算偏高了。如果考虑到那些骨头粗得离奇了的话，更真实的结果估计是重约 5.9 吨。虽然这个估值比最初的低一些，但是利索维斯兽仍然是三叠纪期间最大的非恐龙类陆地动物。

腿部的骨头位置也很重要。利索维斯兽的四肢是直立的，位置与地面垂直，特别适合步行或快步活动。就像现在的犀牛或河马一样，如有必要，它能够在短时间内很快地移动。它有一条短短的尾巴，脖子也很短，头骨又大又结实。头骨后方有一条长长的脊，这使得粗壮的肌肉得以从那里伸展到下颌，可见利索维斯兽有强大

的咬合力。它没有牙齿，但是在头骨前面有像乌龟一样的喙。利索维斯兽所属的类群中，许多动物都有两支大獠牙，但它并没有，只是在喙的两侧有两块很大的三角形骨板。

利索维斯兽颈部的骨头有一个奇怪的秘密——颈椎骨的两侧都有空洞，与蜥脚类这部分骨头的情况有些相似。不过蜥脚类恐龙的这类孔洞并不是中空的，它是呼吸系统的一部分，帮助它们呼吸，而利索维斯兽的这类孔洞是中空的，这明显不同于蜥脚类恐龙，但目前还不清楚它们的功能是什么。

当我们检视利索维斯兽的骨架时，我们看到它的骨头有别于我们更熟悉的其他动物。当我们在年幼的时候，生长较快，随着岁数增加，生长速度放缓，当我们在 18 至 21 岁时，生长基本停止。

利索维斯兽可不一样，因为化石显示，当它成年后，骨头的生长仍未停止。我们通过树木年轮来查看它们的生长速率，骨头也有类似功能。科学家们相信，利索维斯兽在年幼的时候生长迅速，但它终其一生，一直在生长。快速生长使得它能通过巨大的体形来抵御捕食者，确保自身安全。持续生长的能力则意味着如果环境良好，不愁吃喝，它就能长得越来越庞大，这也有助于它稳固自己的地盘或吸引配偶。

生物分类

你是怎么知道物种之间的差异的？方法有很多，不过就像你即将看到的，这些方法中有许多都是有问题的。显然，物种名称是一个很好的起点。我们都通过给不同生物赋予的名称来识别它们。困难在于这些名称在不同语言中，或是在不同的地方并不能很好地表达含义。

对许多鲨鱼爱好者来说，他们最喜欢的莫过于大白鲨。它轻而易举就成了这个星球上最醒目、最知名的动物之一。但是，我最喜欢的是豹纹鲨，它们看上去可真酷，身材怪怪的，是珊瑚礁上最悠然自得的动物。可是，即使它们成年后身上没有条纹，人们也还是称之为“斑马鲨鱼（zebra shark）”。除了澳大利亚，地球上几乎所有地方都把它叫作“斑马鲨鱼”，而澳大利亚那边则称它为“豹鲨（leopard shark）”。然而，如果你知道有另外一个物种就叫作豹鲨（leopard shark）的话，你就更困惑了，那可是一个看起来完全不同的物种，学名是半带皱唇鲨。

如果你认为我应该选择大白鲨，因为这样就能避免混淆，那么，即使是鲨鱼家族这个最著名的成员也会被偶尔误认，它还被称为白鲨、白色指针，甚至有一个可怕的名字，“白色死亡”。

豹纹鲨

半带皱唇鲨

因此，我们给地球上的每一个物种都给予一个学名，不论它是现生的还是灭绝的，这样的话，不论你在哪里，也不论你使用哪种语言，学名都能帮助你辨识物种。比如，豹纹鲨的学名是 *Stegostoma fasciatum*。每个学名都用斜体书写，分为两部分。第一部分是所谓的属的名称，它的首字母总是大写的，第二部分是这个物种的名字。大白鲨的学名就是 *Carcharodon carcharias*。属名和种名的组合是独一无二的，所以即使两个物种有相同的种名，它们仍然有不同的学名。

相近的物种可能有相同的属名。你就是一个很好的例子。（我假设）你是一个人类，你的学名就是智人（*Homo sapiens*）。地球上有超过 70 亿人，我们因为有同样的学名而相互联系在一起。我们是唯一一个学名为智人（*Homo sapiens*）的生物，但是我们并不是唯一具有这个学名一部分词语的物种，世界上还有一些其他物种的学名里也有 *Homo* 一词（或者更精确地说，是“曾有”）。如果我们回顾人类族谱，尼安德特人与我们很接近，但不完全相同，他们已经被命名为 *Homo neanderthalensis*。此外还有直立人（*Homo erectus*）、能人（*Homo habilis*）、纳莱迪人（*Homo naledi*）等许多其他的。通过这些名字，能看到我们的亲缘关系较近，但是之间的差异大到足以成为不同的物种。

我们基于遗传、形体等方面的差异来区分物种和其他分类等级，有时甚至还基于行为上的差异。我在这里简短地介绍一下，我们如何着手给不同物种和类群进行分类。相信我，就这个话题，我能讲上好几个小时。这是生物学里一个非常精彩的领域，叫作分类学，它帮助科学家们理解物种是如何演化的，不同类群之间有什么关系，以及如何确定优先保护行动。

当你沿着分类体系向上，从物种（只有一种）到界（虽然许多科学家现在使用比界更宽的类群），通常每递进一级，内容就更丰富一些，这是最基本的规则，比如动物界有超过 150 万种动物，或者说真菌界可能有接近 400 万个代表种。一个单独的物种通常位于一个类群，而这个类群位于一个叫作属的类群里，属又位于另一个类群里，该类群又位于另一个类群里，如此逐步递进。如果你理解了这一点，你就理解了科学分类的基本含义。它就像俄罗斯套娃，一个放在另一个的里面，一个套一个，在最中心的是一个非常小的娃娃。如果你把分类学里不同等级的类群比作俄罗斯套娃里的娃娃，那么最小的那个娃娃就是物种本身，这下你就明白了吧。

如果你现在想学更多的分类学知识，那就从最大的那组开始，由大到小依次是：界（Kingdom）、门（Phylum）、纲（Class）、目（Order）、科（Family）、属（Genus）和种（Species）。我总是通过把首字母组成一句冒傻气的句子来记住它们的顺序，不知为何，记忆非常深刻。如果这个办法也对你有用，那你就记住：King Penguins Come Out For Good Sushi（王企鹅出来找好寿司）。很奇怪吧？通过这个分类系统，你可以探究地球上任何现生（或灭绝）生物的演化。

之所以要简单介绍一下大学阶段才教授的分类学，是因为利索维斯兽的分类非常有趣。在开始这个话题时，我要讲的内容看起来会难以理解，但是，如果你想有些不可思议的发现，这个内容就非常重要了——你从哪里来？你如果逆向查看我们自己的分类地位和演化族谱，你很快就会产生困惑。事实上，对于我们自己和最近的已灭绝祖先，我们并不确切地知道两者之间的许多科学上的关系。我在这里所说的只是几十万年甚至更短的时间内的事情，但这就像在显微镜下检视分类学

问题——你只会发现微小之物的很小的某个部分。有时，在一个更大的尺度上才更容易视野开阔，好比通过望远镜来观察一颗行星。你可能看到了更大的图景，但是你也正在错失细节。这就有点类似于我们和利索维斯兽之间的关系。

我们现在完全不知道，我们作为一个物种，和2亿年前的三叠纪植食性动物之间有什么确切的关系。但是，从更开阔的视角来看，这有助于我们更多地理解我们作

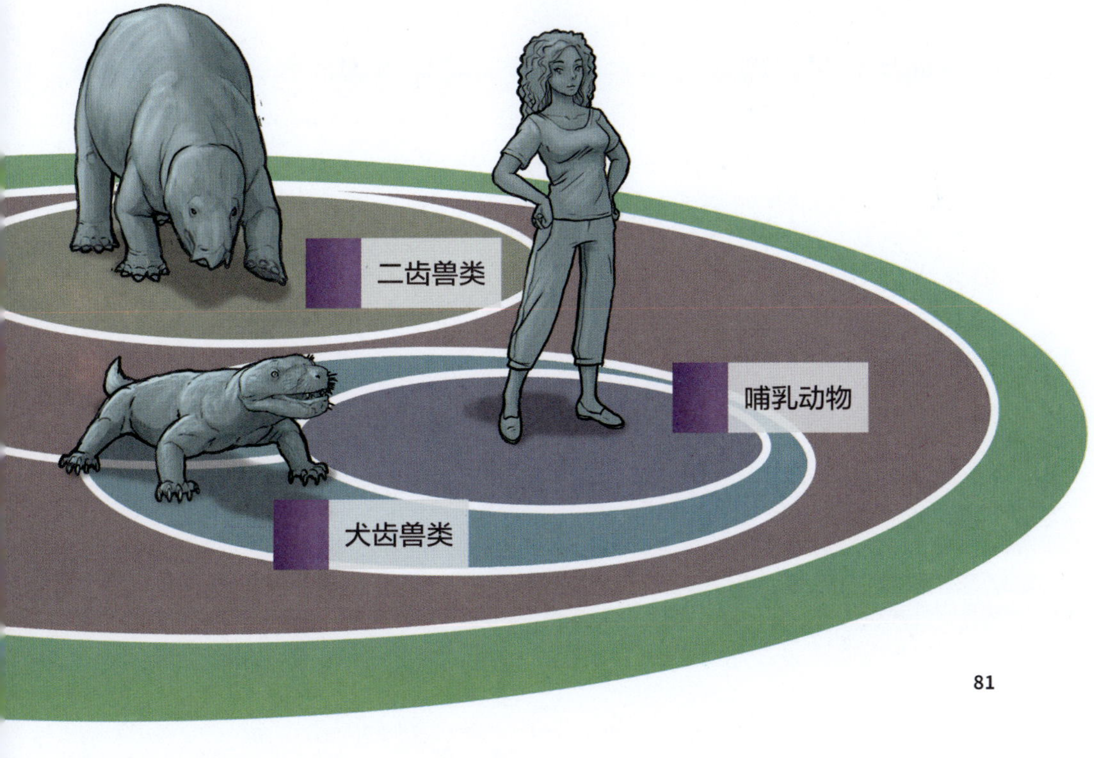

为哺乳动物这个类群的演化，以及这个演化在几百万年前是如何开始的。这也有助于我们从根本上理解哺乳动物、鸟类、爬行动物、两栖动物和鱼类之间的差异。你可能想展示你的小聪明，你会说，鱼会呼吸，能在水下游泳，它们有鳞片。可是企鹅也有鳞片，它们也在水下游泳。而且有的鱼在水面上呼吸，有的会滑行，有的甚至能在陆地上活动。好，你说哺乳动物都有毛发，宝宝都通过分娩产生。这个嘛，鲸不算是毛茸茸的吧（虽然它们有一些毛发），其他哺乳动物，如针鼹和鸭嘴兽也是产卵的。如果你说只有鸟类是两条腿的，而且有羽毛，好，如果你正好撞上霸王龙，你敢对它这么说吗？它可确实不是鸟啊。

我们对不同动物类群的定义很容易就变得模糊不清，尤其是当我们要找寻非常精确的差异时，比如有没有羽毛，如何繁殖，是分娩、产卵，还是像一些爬行动物和鱼类那样两者兼而有之。要真正理解这些类群是如何形成，如何彼此相关的，我们就需要追根溯源，去看看它们是如何被定义的。

让我们回到俄罗斯套娃那个比方上，套娃最中间的那个娃娃是最小的。在我们这个例子里，它就是利索维斯兽。我们要知道利索维斯兽属于哪个类群。你是哺乳动物，鸡属于鸟类，鲨鱼是一种鱼，但是利索维斯兽不属于这些，它属于一个已经不存在的类群，叫作二齿兽类。在我们这个例子里，二齿兽类就是最小的娃娃外面的那个娃娃。这个类群存在于二叠纪晚期（大约 2 亿 5200 万年前），由于三叠纪末大灭绝，它们在 2 亿多年前全部消失了。从类似老鼠那样的小个子种类到体形最大的利索维斯兽，二齿兽类大约有 70 个不同的动物类型。它们都有像乌龟一样的喙，大多数没有牙齿，只有两支长长的獠牙，这也是为什么把它们称为“二齿兽”的原因（二齿兽 dicynodont 一词的意思就是“二·狗·牙”）。所有的二齿兽类都是植食性动物。

如果二齿兽类是我们这个分类系统的第二个娃娃，那你就知道，它外面还有更大的娃娃。第三个娃娃就是叫作“兽孔类”的动物类群。到了这个类群，我们就跟这个故事有点瓜葛了。你可能从来没听说过“兽孔类”，但是你应该知道这个名字，因为我们也是这个类群的。兽孔类包括了哺乳动物和我们所有的祖先。在这个类群里，所有成员的四肢都位于身体下方——就像我们、大象、狗和所有其他有四肢的哺乳动物。它包括了与我们距离较远的一些类群，还有一些已灭绝的动物，如身材庞大的食草动物，麝足兽属（*Moschops*），它们的生活方式和河马类似，头骨小而强壮，能够用头部进行致命的猛击。还有可怕的捕食者丽齿兽类，它们利用硕大强壮的身体来捕捉猎物，用锐利的长牙杀死它。其他类群如爬行动物和两栖动物（这两者都不属于兽孔类）的四肢位于身体两侧，因此与其说它们在走路，不如说它们在爬行。

最大的类群（即我们这个例子里的第四个娃娃）是下孔类。这个类群包括了哺乳动物和其他具有四肢的动物，它们要么在陆地上产卵，要么由胚胎在身体里发育。比起它们与鸟类或爬行动物的关系，它们与我们哺乳动物的关系更近一些。这个类群的成员比兽孔类的更多，它包括了哺乳动物和其他不是哺乳动物但仍然是兽孔类的动物，比如麝足兽属、丽齿兽类和利索维斯兽等，还包括了我们的远古亲戚们，就算它们不是我们的直接祖先。

兽孔类从盘龙类演化而来，由于许多科学家都认为“盘龙类”不是一个最准确的术语，因此连这个名称都似乎快要“灭绝”了。当你发现这个情况时，是不是更晕了？是呀，为什么要去知道一个不仅本身云里雾里而且名字也稀里糊涂的类群呢？首先，虽然你可能没听说过盘龙类这个类群，但是你还是有可能听说过这个类群里最著名的成员——异齿龙（*Dimetrodon*），它身材高大，有四条腿，背上长有奇异的背帆。其次，你知道这个类群后，就可以说，在很久以前（我的意思是很久很久以前），你和当时的掠食者

异齿龙是远亲呢。这还挺有意思的吧？

要在我们和黄鼠狼、鲸鱼之间寻找共同点，已经是很不容易的了，但是，如果要把这个类群里的利索维斯兽，甚至更古老的动物，如麝足兽和丽齿兽都包括在内，去寻找一些相似之处，那可就更难了，我们必须确定一些重要的基本特征。在化石记录里识别下孔类的最佳方式之一就是看它们的头骨，因为我们通常看不到它们的繁殖方式。下孔类动物在其头骨两侧的眼睛后面各有一个颞孔，这个名字可以理解为“头部两侧的窗户”。其他类群，如包括了大部分爬行动物、鸟类和恐龙在内的双孔类动物，在头骨两侧各有两个颞孔，又如包括了龟和鳖在内的无孔类动物，它们的头骨上没有这些额外的孔。

如果你好奇在你的头骨上哪里有这样的孔，那你得失望了。虽然颞孔在把我们归为下孔类时是一

个重要依据，但是经过几百万年的演化，哺乳动物已经没有颞孔了。在生物学里，就算你失去了你属于某个类群的分类特征，但你仍然属于该类群。就像你弄丢了校徽，但并不意味着你就不再是那个学校的学生了，搞丢了借书卡，也不该意味着你不再是那个图书馆的用户。分类学同样如此。

类似这样的分类学看起来很复杂，部分是因为它的确很复杂，但是它有助于我们理解分类的过程。举一个简单的例子，一只塔兰托毒蛛是一种蜘蛛，蜘蛛是一种蛛形动物，蛛形动物是一种无脊椎动物，如果你可以理解这里面的关系，你就能理解为什么利索维斯兽是一种二齿兽类，二齿兽类是一种兽孔类，兽孔类是一种下孔类。

生态环境

如果我们坐下来聊任何你所认识的生物时不讨论它的生态，我会很惊讶的。因为在自然界里，没有谁是孤

当我们考量一个物种时，尤其是当我们想研究那个物种时，我们就需要了解它的生态学信息。要了解山地大猩猩，我们就需要了解它们的栖息地、气候、饮食及其环境中的其他物种。

立存在的，相反，每一个物种都是它几百万年（更可能是几亿年）来与气候、天气和物理环境产生关系的结果，以及其他许多因素，包括捕食者和被捕食者的影响、与其他物种的竞争、食物等必需资源等。这就是生态学，如果你了解生态学，哪怕只是一点点，你对自然的认识都会深入很多。

现在，你再试着想象一个物种。如果它是一只塔兰托毒蛛，那我希望你是在巴西的森林里看到它的，它正从树下的网里钻出来。如果它是一头大猩猩，那么你可能是在乌干达的山地森林里看到它的。那里大雨滂沱，树木、灌丛和其他植物都非常茂盛，大猩猩们正在啃着高大强韧的蓟草秆子，猴子们在它们周围啼叫，颜色鲜艳的犀鸟吵闹地从头顶飞过。

当我们面对任何史前发现时，不论它是困在琥珀里的一只苍蝇，还是一具冻干的猛犸象尸体，又或是一枚智利南洋杉的松果化石，了解它的生态学信息是非常关键的。长期以来，人们都认为三叠纪出现了最早的大型陆生植食性动物，这些最早的超级植食性动物都是恐龙。但是，当我们研究利索维斯兽的生态学时，我们发现，并不只有恐龙达到如此巨大的体形。

虽然利索维斯兽是它所在环境里最常见的动物之一，但它肯定不是孤立于其他物种而存在的。它与其他动物共享半水生栖息地，包括斯莫克龙（*Smok*）等大型捕食者，以及类似腔骨龙（*Coelophysis*）和理理恩龙（*Liliensternus*）等稍小一些的捕食者恐龙，后者是恐龙类群里

在一对成年的利索维斯兽的背上，有几只搭顺风车的腔骨龙，它们个儿很小，正在找吃的。恐龙作为一个类群，在三叠纪期间开始走上成功生存的道路。

迄今所发现的最早的种类。周围还有小型的鳄鱼祖先和许多像蜥蜴一样的爬行动物。唯一一种与利索维斯兽有近缘关系的是体形小很多的哈劳古兽（*Hallautherium*），它所在的类群后来演化为哺乳动物。

利索维斯兽最有趣的一个生态学信息是：当时当地没有恐龙，那时的恐龙在欧洲其他地方。根据发现，板龙（*Plateosaurus*）在当时遍布现在的欧洲中部、北美洲和格陵兰岛等地，它所属的类群后来演化为蜥脚类恐龙，有四条腿和很长的脖子。

我们现在还不知道，到底是当时在这个特定的生态系统里的确没有大型植食性恐龙，因此给大型植食者留出了一个生态上的“空白”来，使得利索维斯兽能够长得如此巨大，而且活得很好；还是当时存在某种竞争，但利索维斯兽打败了板龙那样的恐龙。这是研究者们正在试图回答的一个令人激动的问题，在科学中，类似的未知比比皆是。

年代

利索维斯兽的化石被发现于三叠纪后期的岩石内。古生物学家已经能够给这些石头测定年代，他们检查了一种叫作锆石的矿物晶体是何时形成的，通过测定它们的年龄，就能估算这个化石分布地点的年龄。根据科学家们的研究，这个化石分布地点的年龄在大约 2 亿 800 万年前，不过也可能再年轻几百万年。这就意味着利索维斯兽处于三叠纪末期左右，正好是大灭绝发生的时候。

栖息地

有些物种的化石会在很大范围内被发现，但利索维斯兽的化石目前仅在欧洲的波兰境内被发现。更准确地说，是在该国西南部一个叫作利索维斯的村庄周围，发现地是一些泥泞的矿坑，那里靠近卢布利涅茨镇。

庞然大物利索维斯兽生活在草木茂盛的环境里，那里潮湿且多沼泽。当一头利索维斯兽涉水走过这片浅滩时，一条幸运的肺鱼享用到了免费大餐。

环境

虽然我们只在波兰西南部发现利索维斯兽的化石，但在2亿年前，这些动物还活着的时候，地球面貌与现在大相径庭。大部分陆地合在一起，形成若干超级大陆。在其中一个叫作劳亚大陆的超级大陆西侧，正是利索维斯兽漫步的地方，那时根本没有波兰甚至欧洲。

那时，不仅陆地的分布和形态不同于现在的样子，而且陆地和海洋的环境也与我们现在所知的情况不同。地球的平均地表温度在三叠纪期内有所变化，平均气温是17℃，比现在高2℃。如果你从任何超大陆的滨海栖息地向中心区域出发，就会看到内陆炎热且干旱，沙漠绵延不绝。盘古超大陆是其中最大的大陆，它开始解体，形成其他古代超大陆，这就意味着随着陆地数量增多，海岸线越来越长了。这促进了凝结和降水作用，气候变得越来越多雨，越来越湿润。

当利索维斯兽在世的时候，所有这些变化都正在发生中，因此在三叠纪末期，植物、动物和栖息地形成各种组合，通常可以发现彼此相邻却又完全不同的栖息地。利索维斯兽生活在草木茂盛的环境里，潮湿且多沼泽，和现在北美洲的大沼泽很相似。这个栖息地里到处都是针叶树，它们终年都有像针一样的叶子，还有银杏树、种子蕨和喜湿的地钱。那里还有水流较缓的河流以及像牛轭湖一样的地貌。这种绿意盎然的栖息地边上就是干旱环境，那里的生物过得就没有那么滋润了。

植物和动物

由于三叠纪紧接着二叠纪末期的另一场大灭绝，地球上的植物和动物发生了许多变化，而且全球动物和植物的组合多样性也发生了变化。这些物种中，有一些从上一场大灭绝中幸存下来了，而其他的则在之前大灭绝留下的生态“空缺”内昙花一现。

类似银杏、蕨类和木贼等植物从更早些的时候开始，

一直存在着，但是，在二叠纪期间，产生种子的植物在地球上的各个陆生栖息地里都大获成功。在海洋中，有些重要的类群如三叶虫在二叠纪末大灭绝里消失了，其他类群如头足纲动物活了下来，而且越来越兴盛。菊石分化成我们现在更加熟悉的动物，包括章鱼、乌贼和墨鱼。在三叠纪期间，鱼类多样性没有像在泥盆纪期间那样令人眼花缭乱，但此时有了早期的鱼龙和蛇颈龙，它们是捕食类海洋爬行动物最早的代表，后来统治了地球海洋数百万年。

在陆地上，还有其他犬齿兽类动物与利索维斯兽生活在同一时期。这个类群包括了哺乳动物和我们已经灭绝的祖先以及亲缘物种。犬齿兽类和二齿兽类（包括利索维斯兽）就像演化树上的表亲，有许多共同的特征。就在利索维斯兽蹚水走过沼泽河岸时，其他二齿兽类和犬齿兽类也都繁荣兴盛，但是把它们的命运连在一起的是持续不断的担忧——它们可能最终成为斯莫克龙的美味佳肴，后者是三叠纪最有趣、最庞大，但也是最神秘的掠食者之一。

斯莫克龙可高达 6 米，双腿行走，尾巴抬起，前肢较长，有爪。它有一个非常大且笨重的头骨，还有锯齿状的长牙。乍看之下，它很像霸王龙所属类群里的某个种，但是，首先，斯莫克龙比霸王龙早了 1.4 亿年，而且不是同一个类群的。其次，虽然它看起来的确像那个非常著名的恐龙，但是科学家甚至都不能确定它到底是不是恐龙。虽然恐龙、鸟类、鳄鱼和一大堆其他动物都属于一个叫作主龙类的类群，但是，不能因为恐龙是主龙类的，就认为所有主龙类的动物都是恐龙。

斯莫克龙的确在有些方面非常像恐龙，但是它的其他方面看起来更像是鳄类的祖先，还有些方面看起来又不像了。斯莫克龙有可能是恐龙，但是我们还不能百分之百地确定，所以我们说它是三叠纪晚期和侏罗纪早期欧洲最大的肉食性主龙。这就意味着在几百万年里，没斯莫克龙进攻了！人们在利索维斯兽幼崽的骨头上发现了伤痕，与斯莫克龙的牙齿的大小和形状非常吻合。

有比它更大的陆生捕食者了，即便是最大的植食性动物利索维斯兽也有被它攻击和捕食的风险。

行为

行为是所有灭绝动物调查中最棘手也最有挑战性的内容。我们对动物行为的认识大都基于对其真实活动的实际观察。设想一下，如果独角鲸灭绝了，我们就只能拿它们的骨头和与众不同的螺旋状长牙来认识它们。我们可能认为它们会在游泳时用长牙来叉鱼，或可能把它当成某种骨剑来搏斗。如果发现它们把长牙当成感知水温、水流甚至盐度变化的知觉棒，那就太令人惊叹了。

如果山魈那样的猴类动物灭绝了，我们从来都没有在野外见过它们，那会怎么样？我们可能会通过那些不可思议的长长的犬齿来推测它们会利用犬齿把猎物撕裂开来。于

是我们想当然地认为，它肯定是一种非常凶残的捕食者，事实是如何呢？它其实是一种吃果实的猴类动物，在张大嘴打哈欠时，向族群里的其他成员炫耀自己长长的犬齿。因为我们实际观察过山魈，所以能够断定雄性山魈会炫耀它的长牙，或是警告其他雄性山魈，或是吸引雌性与之交配。要了解利索维斯兽或任何其他史前动物的行为是一个很大的挑战。要了解已灭绝动物是如何生活的，有什么行为，我们必须仔细检视已有的证据。

许多大型植食性动物都是群居的，即大部分时间都在群体之中。有些恐龙也是如此，比如鸭嘴龙，有成百上千个化石足印显示它们以大群一起活动；又如一些阿根廷的泰坦巨龙，它们把卵产在一起，形成一大堆。如今现生的食草动物也是这样——你想想成群结队的长颈鹿、大象和河马。利索维斯兽和这些例子相似，可能集群生活或一年里有很多时间与群体生活在一起。关于集群行为的第一个证据是，在化石发现地，人们同时发现当我们复原已灭绝物种时，最难阐明的莫过于它们的行为。我们通过查验痕迹、骨头甚至粪便，才得以开始重新构建它们的行为模式，看看类似利索维斯兽那样的动物是如何适应它们的环境的。

了来自不同个体的骨头。

虽然这些利索维斯兽的骨头中，有些是成年个体的，有些是幼兽的，但科学家还是不能确定它们是否有育幼行为。他们认为，利索维斯兽和同类群的其他物种一样，更可能是产卵繁殖，而不是大多数哺乳动物所采取的胎生繁殖。还有一个奇怪的群居证据是，科学家在利索维斯兽的化石骨头发现地附近发现了它们的“茅坑”。有些动物的群体会在一个地方集中排便，所以，几百枚化石粪便的发现表明了它们生活在一起，成群结队地四处活动。

在古生物学中，化石粪便向研究者揭示了大量信息，包括饮食、适应，甚至栖息地的样子。通过查看这些粪化石，科学家不仅能够确认利索维斯兽是一种植食性动物，而且能够推知它们主要啃食柔软的植物，比如蕨叶和针树叶。人们发现有的粪化石里存在许多木质，可能反映了它们在首选食物短

缺时吃了这种很差劲的食物。

在利索维斯兽的故事里，粪化石还揭示了另一个重要细节：在它的天敌斯莫克龙的粪化石里发现了利索维斯兽的残骸。当科学家扫描这个捕食者的史前粪便时，在里面看到了成团的利索维斯兽骨骼碎片。斯莫克龙大啖了利索维斯兽，不过还不知道它到底是吃活的，还是吃死的。

当我们发现这些骨骼来自利索维斯兽幼兽，而且在幼兽的骨头上常能发现斯莫克龙的咬伤痕迹时，答案就水落石出了。如果斯莫克龙以利索维斯兽的尸体为食，那么，这些咬痕和粪化石里的骨头应该来自各个年龄阶段的个体。可是，由于这些证据都集中在幼兽上，那么，看起来，这个欧洲最大个的三叠纪捕食者的主要猎物就是利索维斯兽的幼兽。

利索维斯兽长得如此壮硕，不仅有利于在个头上震慑住它的主要天敌，而且让它能够取食大量低质量的植物食材。分解所有这些植物食材，需要非常长的时间和

虽然利索维斯兽也是大型动物，但它们仍然难逃被追捕的命运。斯莫克龙虽然不是恐龙，但它是三叠纪期间地球上最大的捕食者之一。

非常长的消化系统，因此就需要有巨大的身材来为这样的消化系统提供空间。可见，在存在天敌并且食材难以消化的情况下，身材巨大是有好处的。

在讨论演化的时候，与防御武器、翅膀或变色拟态等其他特征相比，身材巨大可能不算是一个特别好的适应。不过当我们盘点巨型哺乳动物和利索维斯兽那样的巨型二齿兽的演化时，我们看到这个特征在这些类群形成之后的大约 2000 万年才出现。这表明了，虽然长成庞然大物是一个缓慢的适应，但它一次又一次地奏效了，而且它带来的好处也同样是巨大的。

术语表

主龙类 Archosaurs

包括鸟类和鳄鱼，已灭绝的恐龙、翼龙，以及鳄鱼的许多亲缘种在内的一个动物大类。

犬齿 Canine

许多动物的嘴的前部长有尖尖的长牙。它有不同的用处，如捕捉猎物、争斗和炫耀。

肉食动物 Carnivore

任何以其他动物为食的动物，它们或捕杀猎物，或啃食猎物尸体。

针叶树 Conifer

长球果的树或灌木。大多数针叶树是常绿的，它们在秋天和冬天不会落叶。

粪化石 Coprolite

一颗化石粪便。

白垩纪 Cretaceous

中生代的第三个阶段，从 1 亿 4500 万年之前至 6600 万年之前。

犬齿龙类 Cynodonts

包括了哺乳动物及其已灭绝近亲的一个动物类群。

二齿兽类 Dicynodonts

一个已灭绝的陆生植食性动物类群，它们通常具有一组向下生长的犬牙或獠牙。这些动物与犬齿兽类的亲缘关系较近，但并没有演化成为哺乳动物。

生态学 Ecology

研究生物以及它们跟其他生物和栖息地之间的关系的学科。

植食性动物 Herbivore

任何以植物而不是动物为食的动物。

中生代 Mesozoic era

这个地质年代因恐龙称霸地球而闻名于世。

古生代 Paleozoic era

一个非常长的地质年代，从 5 亿 4100 万年前至 2 亿 5100 万年前。古生代末期的标志性事件是二叠纪末大灭绝。

盘古大陆 Pangaea

在古生代和部分中生代期间的一片巨大的超大陆。它由当时地球上露出海平面的所有可见陆地所组成，在三叠纪期间开始解体。

二叠纪 Permian

一段长达 4700 万年的地质期，从 2 亿 9890 万年前至约 2 亿 5220 万年前。它结束时发生了“大死亡”灭绝事件。

蜥脚类 Sauropodamorpha

具有四条腿、长脖子和长尾巴的植食性恐龙及其祖先。

下孔类 Synapsids

一个动物类群，包括哺乳动物，所有与哺乳动物的关系较与鸟类、爬行动物等其他类群的关系更近的动物。

分类学 Taxonomy

将生物划分为类群的科学方法，基于生物之间的亲缘关系。分类学可用于制作演化"族谱"。

构造板块 Tectonic plates

巨大且缓慢移动的板块，它形成了地球的地壳及其下方的地层。

陆生的 Terrestrial

栖息在陆地上的。

兽孔类 Therapsids

包括哺乳动物和我们所有祖先在内的一个动物类群，其成员都有直接从身体上垂下的四肢，而不是像爬行动物那样从身体侧面伸出。

三叠纪 Triassic

中生代被划为三个时期，三叠纪是这三个时期中的第一个，也是最短的一个，仅持续了 5060 万年。